# 从潜水到跳伞的

# 发明

## 10 大运动发明

嘉兴小牛顿文化传播有限公司　编著

四川大学出版社
SICHUAN UNIVERSITY PRESS

项目策划：唐　飞　王小碧
责任编辑：唐　飞
责任校对：林　茂
封面设计：呼和浩特市经纬方舟文化传播有限公司
责任印制：王　炜

**图书在版编目（CIP）数据**

从潜水到跳伞的发明：10 大运动发明 / 嘉兴小牛顿
文化传播有限公司编著. — 成都：四川大学出版社，
2021.4
　　ISBN 978-7-5690-4118-7

　　Ⅰ．①从… Ⅱ．①嘉… Ⅲ．①创造发明－世界－少儿
读物 Ⅳ．① N19-49

中国版本图书馆 CIP 数据核字（2021）第 000718 号

书名　　从潜水到跳伞的发明：10 大运动发明
CONG QIANSHUI DAO TIAOSAN DE FAMING: 10 DA YUNDONG FAMING

| | |
|---|---|
| 编　著 | 嘉兴小牛顿文化传播有限公司 |
| 出　版 | 四川大学出版社 |
| 地　址 | 成都市一环路南一段 24 号（610065） |
| 发　行 | 四川大学出版社 |
| 书　号 | ISBN 978-7-5690-4118-7 |
| 印前制作 | 呼和浩特市经纬方舟文化传播有限公司 |
| 印　刷 | 河北盛世彩捷印刷有限公司 |
| 成品尺寸 | 170mm×230mm |
| 印　张 | 5.5 |
| 字　数 | 69 千字 |
| 版　次 | 2021 年 5 月第 1 版 |
| 印　次 | 2021 年 5 月第 1 次印刷 |
| 定　价 | 29.00 元 |

◈ 读者邮购本书，请与本社发行科联系。
　　电话：(028)85408408/ (028)85401670/
　　(028)86408023　邮政编码：610065
◆ 本社图书如有印装质量问题，请寄回出版社调换。
◈ 网址：http://press.scu.edu.cn

四川大学出版社
微信公众号

# 编者的话

在现今这个科技高速发展的时代，要是能够培养出众多的工程师、数学家等优质技术人才，即能提升国家的竞争力。因此STEAM教育应运兴起。STEAM教育强调科技、工程、艺术及数学跨领域的有机整合，希望能提升学生的核心素养——让学生有创客的创新精神，能综合应用跨学科知识，解决生活中的真实情境问题。

而科学家是怎么探究世界解决那些现实问题呢？他们从观察、提问、查找到实验、分析数据、提出解释等一连串的方法，获得科学论断。依据这种概念，"小牛顿"编写了这套《改变历史的大发明》——通过人类历史上80个解决问题的重大发明，以故事的方式引出问题及需求，引导孩子思索蕴藏其中的科学知识和培养探索精神。此外，我们也

希望本书设计的小实验，能让孩子通过科学探究的步骤，体验科学家探讨事物的过程，以获取探索和创造能力。正如 STEAM 最初的精神，便是要培养孩子的创造力以及设计未来的能力。

# 这本书里有……

## 📖 发明小故事

用故事的方式引出问题及需求，引导我们思索可能的解决方式。

## 科学大发明

以前科学家的这项重要发明，解决了类似的问题，也改变了世界。

## ⏳ 发展简史

每个发明在经过科学家们进一步的研究、改造之后，发展出更多的功能，让我们生活更为便利。

## 💡 科学充电站

每个发明的背后都有一些基本的科学原理，熟悉这些原理后，也许你也可以成为一个发明家！

## ✋ 动手做实验

每个科学家都是通过动手实践才能得到丰硕的成果。用一个小实验就能体验到简单的科学原理，你也一起动手做做看吧！

# 目　　录

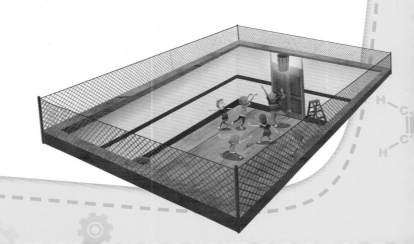

# 如何舒服地
## 稳坐马背？

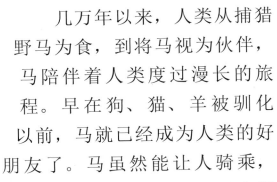

几万年以来，人类从捕猎野马为食，到将马视为伙伴，马陪伴着人类度过漫长的旅程。早在狗、猫、羊被驯化以前，马就已经成为人类的好朋友了。马虽然能让人骑乘，但骑手必须全神贯注，用双腿夹紧马腹、双手紧抓马的鬃毛或缰绳，才不至于从马背上摔下来。所以在公元前700多年，居住在两河流域的亚述人发明了马鞍，他们利用一条简单的布，兜在马的腹部，再把一块正方形的布或皮革固定在马背

哇，真舒服。

上，制成了最原始的马鞍。人们持续使用这样的马鞍，直到公元前 200 多年，生活在蒙古大草原上的匈奴人才改变了马鞍的形制。

冒盾是一个骁勇善战的匈奴人，他自小就和马相处，在马背上的日子比他走路的时间还多。他发现羊皮制成的马鞍虽然能减轻臀部的一些压力，却仍然不适合长途跋涉，更别说在马背上和敌人打仗了。有一年他骑着爱驹进入了一片森林，又渴又累的他下了马，汗水淋漓地选择了一个倒卧的枯木休息。

"哇，真舒服！"

他一屁股坐在枯木上，臀部的酸痛一下子得到了舒缓。冒盾忽然想到，如果能用一块圆弧形的木头固定在马背上，或许就能让待在马背上的时光更为舒适。他回家后将木头削制成前后两头高、中间低的形状，一面贴合马背，一面稳合臀形，设计成一种木制船形托架，被后世的人们称为"高桥马鞍"。有了高桥马鞍，在马背上全力冲刺或者突然减速时，骑士就不容易从马背上摔落下来了。

冒盾改良的马鞍很快在族人间传开来。大伙儿被冒盾的新发明刺激了，许多人开始思考该怎么改良自己的坐骑配件。毕竟在那个古老的年代，马是重要的交通工具与财产。

木制的马鞍虽然舒适，却不方便上下马，后来匈奴人又发明了马镫。他们将山羊皮剪成脚套，制作成脚踏镫，固定在马鞍的两侧。马镫最重要的功用是什么呢？除了辅助骑士

上下马之外，还能够稳住下盘、解放双手。因为在马背上能空出双手，不仅可以拉弓射箭，也可以持刀舞剑、投掷石块。有些骑术高明的勇士，甚至能靠着马镫在马背上站起来，转身180度。

马鞍和马镫的发明大大提升了匈奴人的战斗力，让以往只能作为侦察的骑兵，变成了主要战斗力。匈奴骑兵所向披靡，成为当时蒙古草原上最强盛的部落。新式的木制马鞍与马镫也向南方和西方传播出去，改变了当时世界的局势。

# 科学大发明——马鞍与马镫

考古数据显示，最原始的马鞍至今有将近3000年，是位于美索不达米亚的亚述人将布料或皮革剪裁成合适的大小，铺在马背上。之后500年左右，木制的马鞍才出现。据说匈奴人发明了木制马鞍后，战斗力大大提升，木制的高桥马鞍也随着匈奴骑兵征战的脚步传播出去，往西方流行到罗马帝国，往南方则传播到了汉朝。

现代马鞍的形制多变，在世界各地有所不同。当前普遍运用在奥运竞赛、马术表演的是英式马鞍，美国西部牛仔骑乘的是西部马鞍，而蒙古、中国和中亚国家的游牧民族使用的马鞍，形制比较偏向原始的高桥马鞍。

为了方便骑士平稳踩在马镫上，人们设计出高跟鞋来搭配马镫。

根据推测，最早的马镫可能是匈奴人发明的，不过他们使用的材质是容易腐朽的皮革，所以很难保存下来。现今考古发现的最古老马镫，是中国南京出土的东晋时期（公元322年）墓穴中的一个陶马佩戴的马镫。马镫的发明减轻了骑兵两脚悬空的下垂感，让骑乘者更加安全。在战争中骑兵除了能释放双手，提高战斗力之外，在负伤逃命时也不至于坠马。现代的马镫材质多为不锈钢、铝、镍等金属制成，依据骑马的目的，形制也略有不同。

**英式马鞍**

英式马鞍一般来说长度较短，设计轻便，骑手能轻松地离开马背、进行跳跃，普遍用于各类马术比赛、表演及训练。使用英式马鞍时，需更多技巧。

 **发展简史**

## 公元前700多年

亚述人利用布或皮制成的毯子垫在马背上，后来这种原始的马鞍也成为一种身份地位的象征。

## 公元前200年

历史的长河中出现了木制的高桥马鞍，让乘坐者的体重能更平均分配在马背上。晚些时候，也出现马镫。

## 17世纪

英国内战后，狩猎狐狸的风气盛行，轻便的英式马鞍出现，后来运用到马术比赛或表演上。

## 18世纪

战争使用的马鞍被带进美洲，经过两百多年的演化，演变成今日美国西部马鞍的形制。

**科学充电站**

# 马儿快跑，骑手如何不倒？

　　马儿奔跑时肩胛骨带动腿部的甩动，修长的腿部构造切合了杠杆原理，让奔跑变得更有效率；强壮的肌腱像弹簧一般，增加了弹跳力；修长的四肢末端是单趾，包覆着厚厚的马蹄，马蹄上没有痛觉神经，大大减轻了奔跑时的负担。对于奔跑的马儿，人类该怎么驾驭它们呢？

　　马背是晃动的，骑手很容易因为马的跑动而重心不稳。匈奴人发明的高桥马鞍除了可以将骑手的体重分散于马背上之外，由于前后高、中间低的形制，限制了骑手们臀部前后摆动的距离，加强了稳定性，如此一来，不管马儿如何奔驰，骑手们都能稳稳地坐在马背上。

　　当马匹跳跃的时候，骑手的臀部必然会离开马鞍，腾空而起，这时候便需要骑手用腿部的力量夹紧马腹避免落马，马镫在此时就发挥了支撑双腿的作用。我们都知道，坐在快速前进的物体上，例如汽车，紧急情况必须踩刹车时，驾驶员和乘客都会因为惯性而身体前倾，需要握着把手才能坐稳。同样，当马儿突然停止时，马镫可以提供一个类似把手的功能，避免骑手因为惯性而向前飞出去。

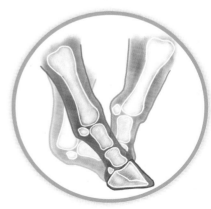

马的肌腱犹如弹簧，有较好的弹跳力。

# 越野骑士

古人没有现代化的交通工具，他们只能骑马到想去的目的地。我们做一个有趣的玩具，来呈现骑马驰骋在广阔草原的景像吧！

把人偶铁丝固定在纸箱底部，再把两根木棍都往同一个方向转动，就可以开始你的骑马之旅了！

## 材料

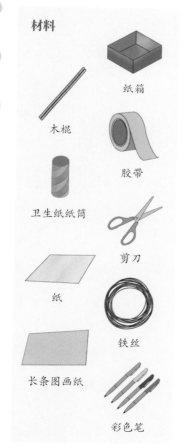

纸箱

木棍

胶带

卫生纸纸筒

剪刀

纸

铁丝

长条图画纸

彩色笔

## 步骤

**1** 剪切 4 块圆形纸板，将两个卫生纸纸筒的上下底面都封好并固定。在纸板上钻洞，使木棍穿过纸筒中心。

**2** 如图，在纸箱的上方及下方各打两个洞（间隔约 15 厘米且上下方的洞要对齐），用木棍穿过上下方的洞，使纸筒在木棍的中央固定好。

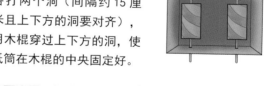

**3** 将两张图画纸连接起来，画上草原或原野当作背景，再将图画纸紧紧地包住纸筒，做成一个圆环后固定。

**4** 剪一小段铁丝拉直，画一个骑马的人偶图案粘在上面。

# 如何才能轻松击倒木棍呢？

"把圆木棍一根根立起来，退后几步，再从地上抱起一块圆形石头，把石头滚向木棍，击倒木棍！"

在中世纪的德国乡间，随处都可以见到有人在草地上进行这种古老的游戏。这种滚石头游戏原本是人们用来占卜的，他们根据木棍被推倒的数量来判断一件事情的吉凶。然而，不知从哪个

年代开始，这种占卜仪式逐渐变成了大人小孩都喜爱的一种户外休闲活动。

马丁·路德也特别喜欢在自家院子里，和孩子们一起进行这种极富趣味又能锻炼身体的活动。某一天，当他再度一击全倒后，不禁开心地躺在草地上休息。这时，他忽然浮现一个想法：应该有什么地方可以再进行修改，好让整个游戏变得更有趣。

从那天开始，他整天都托着下巴思考这件事。

"对了，每次当我把球滚出去时，球常常不朝预期的方向滚。难道是因为地面不够平整？"他赶紧跑到院子里，仔细观察他家的草地。他发现草地上有一些小石头，而那些草也是长得有高有低的。于是，他找来一些工具，开始整地。他首先用锄头挖除了一部分的草，又将小石头移开，再用铲子把土压

紧。于是，一条平整的"球道"就这样出现了。

马丁·路德在球道上试丢石球，他发现球果然不再乱滚，但却也滚不远，这是怎么回事呢？马丁·路德几经思考发现，和草地比起来，土壤会生成较大的阻力，阻止球往前滚动。于是，他决定设计出能让这种游戏进行得更顺畅的球道。他找来村里最好的木匠，和他讨论他的构想。于是，这位木匠协助他创建起一个用木板铺成的球道。经过测试后，这个球道果然又平又顺！

此时，木匠建议他把木棍也进行改良。于是，他们又花了好几天的工夫，把木棍的长度、形状都做了修改，且经过多次实际测试。最后，他们发现，把原本的圆形长木棍改成圆锥形的短棍，可以在乐趣和难易度之间取得最佳的平衡。

稍后，马丁·路德又把木棍数量定为九根，且将这九根木棍排列成菱形。就这样，马丁·路德成功地改良了这项游戏。由于游戏中使用了九根木棍，于是他将之定名为"九柱戏"。

　　九柱戏很快就流传开了，受到大家的热烈欢迎。家家户户都希望能在自家院子里装设球道。之后，有人认为木板球道还是不够"滑顺"，又在木板上抹了石灰以增加球滚动的速度。接着，又有人希望能在下雨时也可以进行这个好玩的游戏，于是把球道搬到了室内。还有人开始针对球进行改良，发来发展为现代保龄球。

# 科学大发明——保龄球

英国考古学家曾经在埃及皇室墓葬壁画上，看到类似今日的保龄球游戏。之后，他们又在一座小孩子的墓葬中，找到一颗用陶瓷制作的球和九个球瓶。考古学家认为这些玩意儿应该就是古埃及人玩"保龄球"时的用具。虽然我们不确定他们的保龄球规则是不是和现代一样，却能说明"用球击倒瓶子"是相当古老的一种游戏。

大约5世纪时，德国人会用石球来击倒木棍，最初是借此判断事情的吉凶。到了中世纪，这种占卜仪式逐渐转为一种休闲活动。16世纪初，马丁·路德更将游戏进行改良，成为风靡整个欧洲的"九柱戏"。

17世纪时，荷兰人将这项运动带到美国，在拓荒者之间掀起了一波热潮。然而，因当时有人把赌博带到这项运动里，很多人沉迷其中而倾家荡产，九柱戏遭到政府管制。后来，有些投机分子刻意将保龄球的九个瓶改成十个瓶，又将菱形排列改为三角形排列，并对外声称这是一种不受法律管制的新游戏：保龄球，这就是现代流行的十瓶保龄球的雏形。

17世纪的欧洲乡间，农民会在村庄平整的空地上将球排列成菱形，进行有趣的九柱戏。荷兰风俗油画家扬·斯特恩用画笔将这幕情景保存了下来。

1875 年，纽约市的 27 个保龄球俱乐部共同组成世界上第一个保龄球协会：国家保龄球协会。这个组织虽然只存在了 20 年，但却在保龄球历史上做出了两个重大贡献：规定了保龄球大小和球道距离。

哈萨克斯坦的牧民会使用羊的踝骨，来玩类似于保龄球的游戏。这种游戏流传已久，现在仍偶尔可见。

一直到 1946 年自动排瓶机问世以前，保龄球都是由人工排列球瓶。

### 7000 年前

考古学家曾在古埃及人墓葬的壁画上发现类似现代保龄球的图案，他们认为或许 7000 年前埃及人是发明保龄球的民族。

### 16 世纪

马丁·路德把旧有的游戏改良成"九柱戏"，很快就风靡了欧洲。

### 1846 年

美国康涅狄克州的罗斯兰别墅里设计了一条保龄球道，这是现存最老的室内保龄球道。

### 1946 年

美国 AMF 保龄球公司制造出第一台保龄球自动排瓶机。在此之前，保龄球瓶都是由人工在幕后排列的。

保龄球

**科学充电站**

# 如何为球注入能量？

在打保龄球的时候，一定很希望自己能掷出的球快速又有力吧？注意看，当选手们将保龄球丢出去前，需要经过好几个步骤：首先用脚向前助走，然后以肩膀当作轴心，用手臂将球往后带，再如钟摆般往前摆动，最后将一颗约 5 千克重的球向前方掷出。

以上每个步骤都能给保龄球注入能量，并且可以影响保龄球被丢出的速度和距离。其中，在手臂前后摆动时，持球的手如果往后摆动得越高，则球被丢出去的速度就会越快，这是因为当球被举得越高，位能就越大，因此可赋予保龄球较快的速度。

然而也必须注意，当手臂前后摆动时，出球的姿势很容易偏离，因此选手们在这个步骤中，都会稍微夹紧胳肢窝，且伸直手臂做出投球的动作。此外，挑选适当的保龄球也是很重要的，选择重量约为自己体重十分之一的保龄球最适合。

投球前，先将手臂向后抬到与肩同高，然后跨步向前，拿球的手下滑到靠近脚踝的位置，再顺势将球送出，这连续的动作把位能转化为动能，使保龄球快速前进。

# 碰撞弹珠

保龄球往前滚动，并尽可能撞倒所有瓶子，就是这项运动的乐趣所在。我们来做一个与碰撞相关的有趣玩具牛顿摆。看看碰撞中有什么有趣发现吧。

把细线的两端固定在筷子上，让 5 颗弹珠一样高，且紧密地靠在一起，就完成了简单好玩的牛顿摆。把弹珠拉起来放开，让弹珠撞击其他弹珠，会发生什么？

## 材料

竹筷

纸板

细线

弹珠

剪刀

热熔枪

胶带

尺

## 步骤

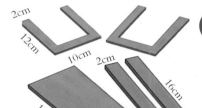

**1** 从纸板上剪切一块长方形纸板、两条长条形纸板，以及两块"冂"字形的方框，大小如图中所示。

**2** 把步骤1的纸板如图组合起来，并用胶带固定好。

**3** 在纸板上面的4个支柱两端各钻一个小洞，让两根竹筷穿过去并固定住。

**4** 剪切5条长16cm的细线，每条细线的中间用热熔枪粘上一颗弹珠。

# 我要如何从高空跳下来？

早在 15 世纪文艺复兴时期，就有人提出了降落伞的构想，不过当时只有草图，并没有真的去实践。直到 18 世纪，法国有一位名叫路易斯－赛巴斯蒂安·雷诺曼的科学家亲身实现了这个梦想。

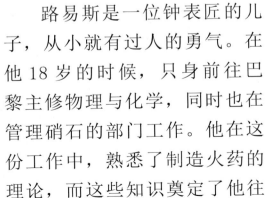

路易斯是一位钟表匠的儿子，从小就有过人的勇气。在他 18 岁的时候，只身前往巴黎主修物理与化学，同时也在管理硝石的部门工作。他在这份工作中，熟悉了制造火药的理论，而这些知识奠定了他往后的人生发展基础。

年轻的路易斯学成后返回家乡，开始在父亲的钟表店工作。没过多久，他在镇上观赏到一个平衡特技表演，表演者巧妙地利用雨伞作为帮助平衡身体的道具。他看着看着，突然灵机一动，想到或许能改造下雨伞，做出一个在高楼遇上火灾时可以逃生的设备。有了这样的想法，路易斯在钟表店工作之余，便全心投入雨伞的改造计划。

改良了雨伞之后，路易斯带着两把雨伞就从大树上跳下来，结果重重地摔了一跤。摔伤的路易斯并没有放弃，他利用坚固的木头作为支架，用 4.2 米长的帆布制成一个降落设备。在试跳之前，他找来动物做试跳员，结果竟然成功了！就在 1783 年，路易斯 26 岁那一年，他手上拿着装备，在围观群众的呼声中，从蒙彼利埃天文台跃下，成功着地，毫发未伤。这充满勇气的一跳，让路易斯成了近代降落伞的先驱。两年后，

嘿，我跳！

路易斯将意大利文中代表"抵抗"之意的"para"，与法文中代表"降落"之意的"chute"两个词结合，为现代降落伞做了命名。路易斯因为这件事受到了极大的鼓舞，决定用他的余生在科技与工艺的领域钻研，后来也发表了不少专著与论文。

受到路易斯影响的人可不少。当时围观的群众中有一位名叫约瑟夫－米歇尔·孟格菲的小伙子和他的弟弟雅克，对于如何抵抗地心引力的飞行也有着浓厚的兴趣。孟格菲兄弟专心研究如何借助气球在空中飞行，他们受到"将纸屑丢进火炉后，纸屑会不断上升的现象"的启发，成功地制造出热气球，成为热气球先驱，法文的"热气球"这个词，就是以他们的姓氏命名。

而路易斯的后继者也是位法国人，名叫安德烈－雅克·加

纳林，他是一位热气球驾驶员。他放弃木框，改用绳索与帆布制作降落伞，并且结合热气球，尝试高空跳伞。1797年，加纳林在巴黎蒙梭公园公开表演，从1000米空中一跃而下安全着陆，成为高空跳伞界的先驱。

# 科学大发明——降落伞

　　18世纪时路易斯发明降落伞，初衷是为了能拯救火灾中被困在高楼的人们。然而降落伞经过200多年的演变，已经生成了许多不同的种类。常用的有以下几类：

## 人用伞

　　分为圆形伞和方形伞，主要有救生、军事和运动用途。在飞机失事时拯救性命的救生伞，为了保证飞行员能安全降落，所以设计上以体积小、轻便、下降慢且稳定为主。伞兵执行任务时的降落伞，则需要多人定点着陆，发挥作战的功能，通常使用的是圆形伞。方形伞的成本和操作难度都比较高，但是可以控制方向，而且落地时的冲击较小，是不少跳伞爱好者的首选。

方形伞又称翼伞，是许多跳伞运动爱好者的选择。

一般伞兵跳伞时使用的圆形降落伞。

空投物资时的物用伞。

## 物用伞

空投物资的投物伞，因为物资不同，例如吨位大的战车，或者体积小的回收飞行器，会有量身打造的设计，功能上多以强度高、耐磨以及耐热等特性为主流。

## 阻力伞

为了减速，例如在特殊的飞机着陆时，会由飞行员操纵开启伞舱门，弹出引导伞，再将伞袋拉出开启主伞，张大的伞面能增加空气阻力，向后拖住飞机，使其减速以缩短滑行的距离。同样的原理也应用在赛车中，作为赛车刹车时的减速方式。

运用在赛车刹车的阻力伞。

### 发展简史

**15 世纪**

文艺复兴时期，许多人对于降落伞有不同的设计，图为一位不知名的意大利画家留下的构想图。

**1783 年**

路易斯－赛巴斯蒂安·雷诺曼从蒙彼利埃天文台上一跃而下，亲身示范他的新发明。两年后，他为降落伞做了命名。

**1797 年**

安德烈－雅克·加纳林在巴黎的蒙梭公园进行第一次公开跳伞。这是他的热气球结合降落伞设备图。

**1911 年**

苏联发明家科捷利尼科夫发明了背包降落伞，这个设备大量运用在第一次世界大战之中。

科学充电站

# 降落伞上的小洞是做什么的？

地球上的物体无论质量大小如何，只要是从同一个高度坠落，理论上会同时着地。然而实际上，像落叶这般轻飘飘的物体和苹果同时从同一高度落下时的速度却是大不相同的，原因是来自于空气的阻力。而降落伞能够减缓落地速度，也是利用了空气阻力。

在现代降落伞的设计当中，最耐人寻味的就是伞顶上的小洞，要是没有这个小洞，当降落伞张开后，外面的气流不容易进入伞内，会导致降落伞被风带动而偏离目的地。反之，如果在伞顶开了小洞，就能让外部的气流进入伞内，避免气流扰乱飞行方向，这样一来降落伞就不容易随风摆动，从而大大增加了下降时的稳定性。

有些降落伞是长方形的，仔细看看，会发现降落伞的前方有一排孔洞，当气流灌进降落伞的孔洞时，会让伞张开时有如鸟类的羽翼。这种降落伞可以通过拉紧或释放绳索来操控伞面的俯仰角度，借此控制飞行的方向。在降落的时候，就像鸟类逆风而行，增加着地时的安全性。

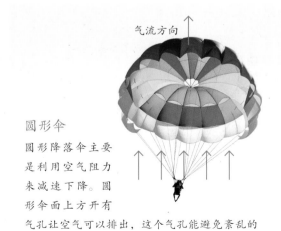

气流方向

**圆形伞**
圆形降落伞主要是利用空气阻力来减速下降。圆形伞面上方开有气孔让空气可以排出，这个气孔能避免紊乱的气流扰乱飞行方向，增加降落时的稳定性。

气流方向

**方形伞**
方形降落伞有两层伞衣，气流从伞衣间的前方开口灌入，再从后侧排出，也可通过拉动伞绳、让气囊消气来调整方向。

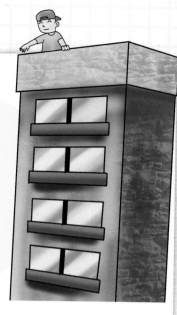

# 迷你降落伞

降落伞撑开可以增加空气阻力，让伞兵从飞机上跳下来时可以减缓下降速度，能安全降落至地面。让我们制作一个小降落伞看看吧。

把准备好的降落伞往上扔向空中，可以看到手帕逐渐展开，降落伞缓缓降落到地面上。

## 材料

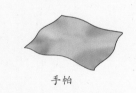

手帕

棉线

剪刀

黏土

胶带

## 步骤

**1** 剪出 4 条一样长的棉线，长度要比手帕的边长还长。

**2** 在手帕内侧的 4 个角上用胶带分别粘上一条剪好的棉线。

**3** 4 条线集中在一起用胶带粘好，同时绑上一块黏土当作跳伞员，降落伞就完成了。

# 绳子只能用来绑东西吗？

自古以来，绳索一直是人们日常生活中必备的物品，不同地区使用的材料不尽相同。渐渐地，原先用来捆绑、拖拉东西的绳索，开始发展出更多的功能，成为孩子玩耍的工具。

跳绳在中国古代称为"透索"，也称为"跳百索"或"跳白索"。在汉朝出土的石碑上，就刻有跳绳的场面，明朝《帝京景物略·灯市》中则记载："二童子引索略地，如白光轮，一童

子跳光中，曰'跳白索'。"说明孩子们玩跳绳时还会边唱童谣，边跳进跟着节拍摆动的绳子里呢。

跳绳在西方可能起源于古埃及时代。由于绳索长期使用后会变得有些松散，因此古埃及人会利用旋转以及手持两端跳跃的方式，将绳索拉紧，孩子们觉得这样的动作很有趣，就把它带进游戏中，变成双脚跳绳游戏。

16 世纪的时候，荷兰移民将跳绳游戏带到新大陆，此后，跳绳在美国流行起来。在俄亥俄州的州立监狱里，受刑人在

1, 2, 3, 4……

休闲时最爱进行的运动就是跳绳，然而，每次休闲活动时间结束时，狱方总要仔细清点并将跳绳收回，绝对不允许受刑人把跳绳带回牢房中。

19 世纪前的跳绳材质以麻绳、棉绳、皮绳为主，绳子比较沉重，也不容易抓握。塑胶发明之后，塑胶制作的跳绳轻巧，可以加快跳绳的速度。在许多运动比赛的跳绳项目中，会要求参赛者在很短时间内完成高难度动作，跳绳从孩童好玩的游戏，成为运动竞赛的正式项目。

不过，对一些肢体动作不太灵活的人来说，不论是什么材质的绳子，都有可能被绊倒。有一位跳绳爱好者名叫克兰西，经常见到绳子缠住人或东西的窘况。于是，克兰西不禁思索："何不把绳子拿掉呢？这样一来，事情不就简单多了吗？"

经过许多努力和尝试，他终于在 2006 年发明出一款只有两个手柄却没有绳子的跳绳。

克兰西很快就替自己的产品成功申请到专利。他对外宣传："没有绳子的跳绳，提供给儿童或手脚不协调的人一个练习跳绳的机会。从今以后，人人都可以用跳绳来锻炼身体，却不再担心被绳子给绊倒。更重要的是，要是你家的天花板太低或者装了吊扇，那么空气跳绳绝对适合你！"

空气跳绳很快吸引了大众的眼光，美国一些运动器材公司针对空气跳绳进行了改良，他们将两个小球分别接在手柄两端，如此一来，不仅能更精确地模仿绳子的重量，跳绳时还能听到呼呼的风声，更增加了真实感。紧接着，他们又在手柄上设置了液晶屏幕，能够计算跳绳的时间和次数等信息，增加了运动时的成就感。

所以，跳绳究竟需不需要绳索？这已经成为一个见仁见智的问题。

这样跳起来真轻松。

# 科学大发明——跳绳

绳索和人类的生活有相当密切的关系。早在远古时代，人们就拿绳索来记事、捆扎农作物、搬运东西、驾驭牛马等，而跳绳这项活动，可能是在孩子和绳子的交互当中演变出来的。

在我国汉代的壁画上，已能见到孩童手持绳索跳跃的壁画，说明当时很可能已经有跳绳活动了。可以肯定的是，在《北齐书》中已经有"孩童双手持绳，边唱边跳"的记载，说明南北朝时已经出现了单人跳绳。此后，在不同朝代，跳绳活动有着各种名称。例如，跳绳在唐朝时被称为"透索"；在宋朝时则被称为"跳索"；到了明清时代，跳绳又被称为"跳百索"或"跳白索"。

跳百索其实是一种多人跳绳活动。当时每逢过年期间，在庭院中经常可以见到两个小孩各自拿着绳索的一端，不断用手臂甩出一个一个的绳圈。其他小孩则看准机会，分别试着从摆动的绳圈中跳跃过去。能顺利越过绳圈者就算成功，失

跳绳是一种变化很多的运动，可以单人跳、双人跳，也可以多人跳。

败者就要接受处罚。当绳子快速飞转时，看起来就好像有千百条绳索，因而被称为跳百索。清代的儿童在跳百索时，经常以有节奏的歌谣伴唱，有时还搭配鼓声，因此相当具有娱乐性质。有时，也可见到两名或多名孩童共跳一绳，堪称古代的花式跳绳。

近年来，跳绳对健康的好处逐渐被大家所熟知，跳绳是一种有氧运动，能帮助身体燃烧脂肪，促进孩童长高。而空气跳绳的发明让人可以不受场地限制，随时随地进行跳绳运动，不但为许多追求健康的大人和小孩带来福音，也成为跳绳运动的一个新的里程碑。

## 发展简史

### 公元前 2 世纪

中国的跳绳活动最早可追溯至汉朝，主要是小孩子们在闲暇时所进行的游戏。

### 16 世纪

荷兰移民将跳绳带到美国，使这项游戏在新大陆流传开来。

### 20 世纪

1960 年开始，跳绳运动对健康的好处受到重视，许多学校开始提倡跳绳，跳绳不单是一般民众的休闲活动，也成为运动员自我锻炼的方式。

### 2006 年

克兰西发明了空气跳绳，他在两个跳绳手柄中各加入一颗滚珠，当用户以双手各拿着一个手柄做出跳绳的动作时，就能让滚珠不停地转动，让用户以为自己真的在跳绳。

科学充电站

# 没有绳子，也能跳绳吗？

　　如果不是为了拿取高处的物品或是进行跳绳、投球等运动，我们在平日生活中，应该很难主动跳跃。当我们在抵抗地球重力，奋力往上跳跃的时候，必须要做一个动作：弯曲膝盖往下蹲，然后往地上一蹬。这样的动作，就能活化长骨细胞，增加骨质的密度，对于骨骼健康有很大的益处。

　　随着室内跳绳的风气渐盛，空气跳绳也变得热销起来。空气跳绳的发明者——克兰西在两个跳绳手柄中各加入一颗滚珠，当用户以双手各拿着一个手柄做出跳绳的动作时，就能让滚珠不停转动，而这会让用户感觉到真实甩动绳子时所产生的重量变化。换言之，这两个手柄能精准地模拟出跳绳时的离心运动，能让用户以为自己真的在跳绳。现代的空气跳绳将手柄加以改良，用短线连接着重力球，挥舞时感受更加逼真，同时也加入了计数器，方便用户监控自己的运动效果。

空气跳绳

空气跳绳由握把和重力球组成，重力球能够仿真实体跳绳回旋时的重量，有些握把上还带有计数器与电子荧幕，能计算跳跃次数与消耗的能量。

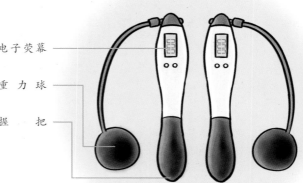

电子荧幕

重 力 球

握　　把

# 空气跳绳

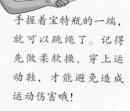

空气跳绳舍弃了长长的绳子，通过配重仿真跳绳时的重力，就可以达到跳绳运动的效果。我们也来做一组空气跳绳，享受跳绳运动的乐趣吧！

手握着宝特瓶的一端，就可以跳绳了。记得先做柔软操、穿上运动鞋，才能避免造成运动伤害哦！

## 材料

宝特瓶

多多瓶

棉绳

黏土

胶带

锥子

剪刀

## 步骤

**1** 取两个宝特瓶以及两个多多瓶，在瓶子底部用锥子分别钻出一个小洞。

**2** 取两条棉绳，将棉绳的其中一端穿进宝特瓶底部的小洞，另一端穿进多多瓶底部，绳头上的硬塑胶会自然卡住孔洞。如果棉绳卡得不够牢，也可以用胶带固定。

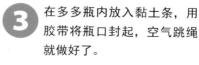

**3** 在多多瓶内放入黏土条，用胶带将瓶口封起，空气跳绳就做好了。

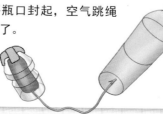

# 用棒子打球，
# 要怎么才好玩？

　　棒球最早可能源于人们用棒子击球的竞赛活动。在许多古文明的壁画上，都有棒子和球的图像，中世纪时期的一本书，也描绘着一人手持球棒，另一人手上拿球，还有几个人在旁边接球的插画。由此可见，"用棒子打球"的活动历史久远，不过各地的玩法不太一样。

　　18 世纪的时候，英国流行一种"绕圈球"游戏，从 1744 年出版的一本英国童诗集中描绘的场景来看，当时这种游戏已经具备现代棒球的雏形，只不过，游戏的人是站在直立的木桩

旁边，而不是扁平的垒包旁边。

　　现代棒球的故事，要从 1836 年的纽约开始说起。当时，年轻的卡特莱特是华尔街银行的一名职员，在银行每天看着钱进钱出，卡特莱特心里经常觉得很郁闷。有一天，他的一位消防员朋友来找他，看见卡特莱特的消沉，就邀请他一起去参加消防员们经常玩的一种团体游戏。

　　"锵！打中了，快跑啊！"

　　卡特莱特和朋友来到一块空地，看到许多消防员正拿着球和棒子在玩"挥棒击球"的游戏。经过几次尝试后，卡特莱特彻底爱上了这种游戏。此后，每当工作愁烦之余，他就会跑去和消防员们一起玩这种游戏。

　　几年后，卡特莱特和其他消防员们共同组建了尼克巴克

棒球俱乐部，并定期和纽约市内其他棒球俱乐部进行比赛。当时，这种游戏已经被称为棒球，而且有了初步的游戏规则，但却不够完善。于是，卡特莱特和俱乐部中的其他人在原有规则的基础上，又商定出许多新的游戏规则。例如：三好球构成一人出局，三人出局构成半局球赛，触身球保送等。他们还重新设计了棒球场，包括画定扇形场地，设立界外线，确定垒间距离，又用扁平垒包取代原本的木桩，塑造出现代棒球的雏形，这套规则后来被称为"尼克巴克规则"。

1846 年，在棒球规则制定一年后，史上第一场依循新规则所进行的棒球比赛登场了。这场比赛是由尼克巴克队对战纽约九人队，在新泽西州霍博肯市的艾莉西安球场举行。尼克巴克队的球员们身穿相同的制服：蓝色羊毛裤、白色棉衣，头戴草帽，他们非常兴奋，摩拳擦掌地准备上

场比赛。结果尼克巴克队最后以 1∶23 惨败给纽约九人队。

　　几年后，卡特莱特离开美国东岸，前往西岸的加州追逐淘金梦。一路上，他将棒球带进经过的每个乡镇。后来他又移居夏威夷的檀香山，在那儿成了一名消防员，并且娶妻生子。

　　虽然尼克巴克队当时输得很难看，不过卡特莱特和他朋友们所制定的棒球规则却延续了下来，经过几十年的发展，棒球在美国逐渐兴盛，并在世界各地成为流行运动。卡特莱特对现代棒球运动所做出的贡献，在 20 世纪初得到几位历史学家的一致推崇，使他获得"棒球之父"的称号。1938 年，卡特莱特的名字进入了美国棒球名人堂，美国国会在 1955 年认定他为现代棒球的发明人。

加油！加油！

# 科学大发明——棒球

　　对于棒球的起源众说纷纭。有人曾在埃及金字塔里发现刻有棒子和球的图案，也有人宣称发现了两千年前的棒球。此外，在罗马尼亚、俄罗斯、法国、英国、德国等地，都不约而同地在 14 世纪出现了类似现代棒球的游戏，只是各地名称不相同。

　　起源于美国的现代棒球，前身应该是英国的"绕圈球"。第一份关于绕圈球的文献记录来自 1744 年出版的一本英国童诗集，书本中不仅描绘出与现代棒球运动相似的场景，诗句里也提到"击球""跑到下一个柱子""回本垒得分"等字眼。

　　后来，当英国人移民到美洲时，便把绕圈球这项运动也带了过去。18 世纪初，许多来自英国的乡绅、地主们开始组建自己的球队并互相比赛，各地也纷纷设立了球场。据说到了 1839 年，有一位纽约人道布尔迪将绕圈球的游戏规则进行了修改，并将这项运动定名为棒球。紧接着，一些棒球队开始出现在纽约，包

1966 年美国新泽西州艾莉西安球场上的棒球赛情景，其中一支队伍可能是尼克巴克棒球队。

棒球的守备位置

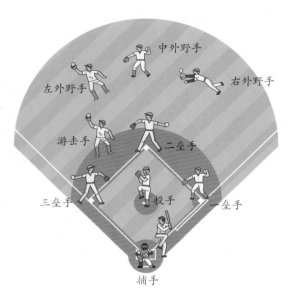

- 中外野手
- 左外野手
- 右外野手
- 游击手
- 二垒手
- 三垒手
- 投手
- 一垒手
- 捕手

括 1842 年由卡特莱特所组建的尼克巴克棒球队。1845 年，卡特莱特制定了棒球比赛规则，在接下来的短短几年间，棒球成为美国的职业运动，其报纸上更宣称棒球是美国国球。

这波棒球热潮也开始传播到世界各地，例如古巴、日本、韩国、澳大利亚、意大利等地。这些国家如今都是世界棒球比赛中的熟面孔。1903年，美国职业棒球大联盟成立，许多著名的棒球选手都来自这个联盟，如贝比鲁斯、赛·扬、华特·强森等。

## 发展简史

### 中世纪

1280 年，在德国面市的《圣玛莉颂歌》中，可以见到一幅插画上有人投球，有人拿着棒子打球，还有一群人在接球。

### 18 世纪

1744 年，英国童诗集面市，其中一页提到了名为"有垒包的球类运动"的一首诗，插画中的场景和现代棒球十分相似，只是垒包是直立的球柱。

### 1845 年

1845 年，卡特莱特和他的朋友共同组建了美国最早的棒球俱乐部。

### 1903 年

国家联盟和美国联盟共同组成美国职业棒球大联盟，是当前全世界水准最高的职棒联盟。图为1911年发行的棒球明星赛·扬球卡。

# 球要如何飞得又高又远？

　　你听过球棒的"甜蜜点"吗？其实只要是跟挥击有关的运动器材，如网球、棒球、高尔夫球、羽毛球、桌球……都有所谓的"甜蜜点"哦！甜蜜点周围的区域被称为"甜蜜区"或有效打击区，只要能用球棒的"甜蜜点"来击打球，球都能飞得又高又远，而如果想要减少球棒的振动，则要尽量让球撞击到"节点"。如此一来，不仅可以让打击者手部所感受的撞击力降到最低，能量也可以更有效地传递给球。

　　此外，有弹性的球撞击到球棒时会产生一定程度的形变，当球恢复原状时，也会施加作用力在球棒上，能将球推离球棒。投手投出的球速和击棒后球速的比值，就是"恢复系数"，球的恢复系数越大，球就能飞得越远。所以，为了公平起见，对比赛用球的各项特质都有明确的规定。

## 有效打击区（甜蜜区）

每根球棒都有一个最佳落点位置，利用这个位置击球，球可以飞出最远的距离，这个位置称为"甜蜜点"，球棒不同会有细微差异，"甜蜜点"通常在距棒头15厘米的位置。"甜蜜点"周围的区域被称为"甜蜜区"，许多制造商会将商标印在"甜蜜区上"。

有效打击区域或甜蜜区

碰撞中心：击球时握把没有撞击感的位置。

强力中心（甜蜜点）：击球时能生成最高球速的位置。

节点：击球时握把没有振动感的位置。

质心：利用平衡法求得的球棒质量中心位置。

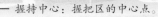

握持中心：握把区的中心点。

# 多功能小喇叭

看棒球比赛时，大家总会带上加油棒或小喇叭，替自己支持的队伍加油打气。我们也来做一个专属自己的小喇叭，带着去看比赛吧！

对着喇叭开口讲话时，会有声音放大的效果。小喇叭也可以拿在手上挥舞当作加油棒！

**材料**

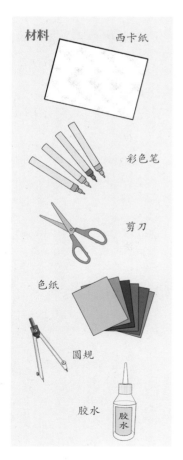

西卡纸

彩色笔

剪刀

色纸

圆规

胶水

**步骤**

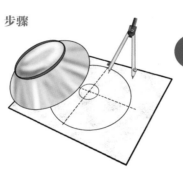

**1** 用大盘子在西卡纸上画一个大圆，找出大圆圆心，再画一个半径5厘米的同圆心小圆。

**2** 将大圆对折剪开成半圆形，再剪除小圆，成为扇形。

**3** 在扇形上面画上自己喜欢的图案，并标出粘贴处。

**4** 将扇形粘合呈圆椎状，再用色纸剪出喜欢的装饰并加上把手，小喇叭就完成了。

41

# 什么运动可以在室内消耗体力？

1891 年的 11 月，马萨诸塞州的天空已经飘起鹅毛大雪。当时，在春田市基督教青年会学校就读的学生们由于无法到户外运动而感到郁郁寡欢，上课时都没了精神。学校的体育系主任眼看这样下去不是办法，就把另一位体育老师奈史密斯找来，希望他能帮忙想个办法，让学生们重新振作起来。

　　奈史密斯接下了这项任务，他绞尽脑汁想找到一种让学生可以在室内进行的团体运动。这个游戏最好是团队竞赛，这样不仅能锻炼身体，还可激发出大家的斗志。想着想着，他忽然回忆起小时候在加拿大时，邻居孩子们都很喜欢玩的一种，叫作"赶鸭子"的游戏。在这种游戏中，孩子们会分成两队，比比看哪一队能率先将一块石头丢进一个地洞中。

　　有了这个灵感后，奈史密斯将两个原本用来装桃子的篮子挂在学校体育馆二楼凸出的走廊外缘；接着，他又利用假期，根据美式足球、欧式足球与冰上曲棍球的规则，制定

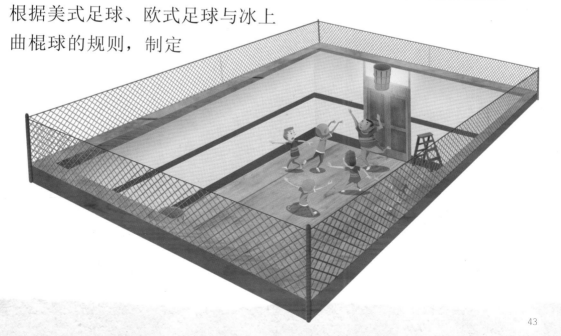

出 13 条游戏规则。开学后，他将上体育课的 18 名学生带进体育馆，把他们分成两队。他找来一个足球进行示范，并向学生们解释这种新游戏的规则。当时，由于篮子有底，因此他还请了两名工友搬来梯子，放在篮子旁边，好方便把投入篮子的球取出来。

"嘀——推人犯规！"

"带球走步，犯规！"

当一切就绪后，一场前所未见的比赛就这样开始了。在球场上，奈史密斯不仅是两队的共同教练，也身兼比赛裁判。只见他一边忙碌地指导每个学生，一边吹着哨子指出每个犯规的动作。然而，因为学生们都是第一次玩这种球类运动，对于规则和技术都相当不熟悉，当那节体育课结束时，只有一球被投进。因此，这场比赛的

结果就是 1:0。

　　虽然比赛结果大家不满意，但所有学生都玩得兴高采烈，那些因天气不佳而失去的活力也全都找回来了。有位学生在赛后特地跑来找奈史密斯，请问他这种球类运动的名称。奈史密斯根本没想过这个问题，发呆了好一阵子。于是学生建议，既然是把球投进篮子里，不如就叫作"篮球"吧。奈史密斯觉得这个意见好极了，于是，篮球运动就此问世。

# 科学大发明——篮球

几乎所有热爱篮球的人，没有人不知道"NBA"。"NBA"是美国职业篮球联赛的英文缩写，它的形成历史代表了美国篮球运动的发展史。

在篮球运动被发明出来并逐渐风靡美国之后，许多大学和球馆都成立了自己的篮球队，并尝试进行篮球比赛。1946年，为了让篮球运动更为成熟，11家球馆老板在纽约成立了全美篮球协会(BAA)，并于当年举办了这个协会历史上的第一场篮球比赛。这场比赛吸引了七千多名观众，造成球馆爆满。三年后，全美篮球协会和它的竞争对手——国家篮球联盟(NBL)合并为国家篮球协会。没想到，合并之后没几年，有些球队因经营不善而倒闭，协会中的篮球队也缩减到8支队伍。为了获得更好的发展，这些篮球队纷纷离开他们的诞生地，相继搬到大城市，逐渐成为代表该城市的篮球队，也因此奠定了各队伍的群众基础。

1967年，NBA的竞争者——美国篮球协会(ABA)出现了。由于NBA要求参赛球员一定要大学毕业，于是许多具有篮球天赋的年轻人只能选择ABA，然

而，ABA 最后却因无法获得电视转播的支持加上内部财政问题，于 1976 年被 NBA 合并。NBA 不仅吸收了新的篮球队，使协会中的队伍达到 22 支；还继承了许多 ABA 所开创的篮球规则，例如在球场上设置三分线。

经历了七十几年的发展后，当前的 NBA 囊括了北美洲 30 支男子职业篮球队。其中一支球队来自加拿大，其他队伍都来自美国。靠着 NBA 的努力，篮球运动也逐渐从美国走向世界。

篮板与球篮是篮球的灵魂所在，篮板的规格为 180 厘米 ×105 厘米，下缘距离地面至少 290 厘米；球篮内缘直径在 45 厘米至 45.7 厘米之间，离地面高度为 305 厘米。

## 发展简史

### 1891 年

体育老师奈史密斯为了让学生能在室内活动，在体育馆的高处挂起篮子，发明了篮球运动。

### 1898 年

奈史密斯在堪萨斯大学成立了史上第一支篮球队。

### 1936 年

在第 11 届柏林奥运会上，男子篮球被列为奥运会的正式比赛项目，女子篮球则从 1976 年开始被列入奥运项目。

### 1992 年

NBA 迈向国际化。1992 年，由 NBA 球员所组成的梦幻队参加巴塞罗那奥运会，队伍中包括许多知名的篮球选手，如"空中飞人"乔丹，以及"魔术师"强森。

科学充电站

# 如何投出完美抛物线？

看过篮球比赛的人应该知道，站在三分线后方投进的三分球，几乎都是呈现抛物线的空心进篮。我们究竟该如何做，才既能投出完美的抛物线，又能进篮得分呢？其中有三个重要的因素需要考虑：投篮角度、速度和马格纳斯效应。

科学家发现投篮的角度越大，就越有机会投进球筐。一般来说，最佳的投篮角度是45度，且不能低于33度，最佳的投球速度则大约在时速32公里。

马格纳斯效应是什么呢？当我们将球投出后，球会在空中不断旋转。旋转会在球的表面生成不均等的空气阻力，进而让球的路径发生弯曲现象。旋转太快的球容易出现较大程度的弯曲，因此会偏离原本该有的抛物线路径。实验发现，如果想顺利投进完美的三分球，篮球在空中每分钟的旋转次数为两圈。

然而，当我们在投球时，不太可能去注意到这些细节。因此，要投出完美三分球最好的方法还是不断练习，直到能准确抓住该有的投篮角度和出手时机，就能每投必中了。

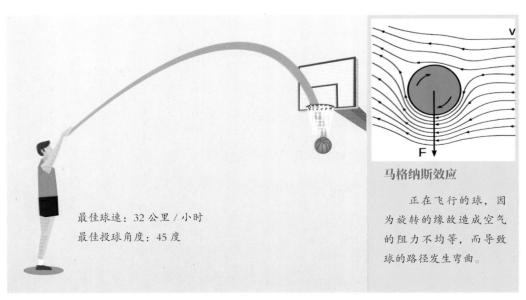

最佳球速：32公里/小时
最佳投球角度：45度

**马格纳斯效应**

正在飞行的球，因为旋转的缘故造成空气的阻力不均等，而导致球的路径发生弯曲。

# 投篮机玩具

用适当的力道抛出小球来投篮，拿捏好准度使小球投进篮筐。我们来做一个投篮机玩具，试试看你有没有办法准确地将球投进篮筐。

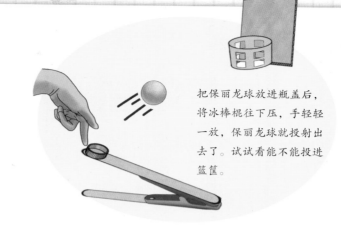

把保丽龙球放进瓶盖后，将冰棒棍往下压，手轻轻一放，保丽龙球就投射出去了。试试看能不能投进篮筐。

## 材料

冰棒棍

瓶盖　晒衣夹

剪刀　双面胶

薄纸片　保丽龙球

厚纸板

## 步骤

**1** 拿两根冰棒棍分别用双面胶黏在晒衣夹的两边，组合成大型的夹子。

**2** 将瓶盖黏在其中一根冰棒棍的底部，固定好瓶盖后，简易的投篮机就做好了。

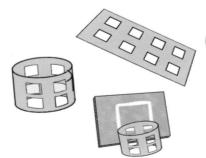

**3** 剪一小块薄纸片，在中间挖出一格格的方形洞，围成圆柱状再贴在厚纸板上，小篮筐就做好了。

# 在水里要如何才能游得快？

我也想学鱼儿游泳。

人类不是天生就会游泳的动物，不过，对于住在水边，或是生活在海岛上的人来说，游泳是一项非常重要的技能。为了狩猎捕鱼，或是落水求生，人们靠着观察蛙类、鱼类等小动物在水中的姿态学会了游泳，当时并不在意用的是蛙泳、蝶泳还是捷泳，只要能在水中前进就行了。两百多年前，游泳竞赛在欧洲开始受到欢迎，那时参赛者采用的大多是蛙泳。

大卫是美国大学的游泳教练，他不但热爱游泳，更热衷于研究与创新，由于蛙泳速度不快，所以大卫便思考如何改善。

"有没有什么方式，能够使蛙泳的速度更快呢？"

大卫决定用科学的方法来研究游泳。当时已经有了初步的水中摄影技术，于是他搬来器材，专门拍摄那些水里的蛙泳选手。经过详细地记录和比对后，他发现当这些蛙泳选手将手部往前伸进水中划水时，总是会拖慢游泳速度。于是，他决定找出一个新的划水方法来改善蛙泳的速度。

终于有一天，机会来了。一名美国蛙泳选手麦尔在游泳比赛时，刻意将手一次划到底，再由空中将手往后拉回到前面。当时，这个奇怪的游泳方式引起全场一片哗然，由于姿势太过创新，裁判之间起了很大的争执，无法确定他这种泳姿究竟算不算犯规。最后，麦尔还是被判定获得了冠军，而这种游泳方

式也暂时被大家接受了。

　　大卫知道了这件事后，立刻察觉到这就是他正在找寻的答案。他马上让他的学生们练习这种泳姿，并通过水中摄影机进行动作上的细致改良。1934 年，大卫将这种新的游泳姿势定名为"蝶泳"，因为其划水姿势像极了蝴蝶拍动翅膀的动作。

　　一年后，大卫和他的一位学生杰克开始思考如何改善腿部动作，让蝶泳的速度更为提升。他们观察到鱼在游动时，尾巴总是在摆动。

　　于是，杰克开始尝试在游泳时将双腿并拢，并用左右摆动的方式来打水。然而，这样的泳姿并未提升速度，反而会因为身体的水

平晃动而难以协调手和脚。为了解决这个问题，杰克跑去找大卫讨论。大卫想了想，建议他试着把腿部的左右摆动改成像海豚那样上下摆动。几经尝试后，师徒俩很快就发现这种游泳方式不仅动作流畅，而且能大大提高游泳速度。从此，蝴蝶翅膀加上海豚尾巴的全新泳姿就出现了！

　　可惜当时并没有所谓的蝶泳比赛，因此，杰克只能在一般的蛙泳竞赛中使用蝶泳。由于速度飞快，杰克轻松获得冠军，但许多人却对此方式提出疑义，认为这样不合规定。国际游泳协会几经思考后，判定在蛙泳比赛中使用这种新型游泳方式确实是违规的，选手在蛙泳比赛中最多只能使用"蝶手蛙脚"，也就是当初麦尔所发明的那种游泳方式。

　　幸好 1952 年，这种结合"蝴蝶手"和"海豚尾"的游法被国际游泳协会正式承认，而且定出了比赛规则。在 1956 年墨尔本奥运会上，蝶泳就成了一项正式的比赛项目。

# 科学大发明——游泳与潜水

人类虽然属于陆地生物，但人类无止境的好奇心总不断促使人们探索水中的世界，世界普及的游泳与潜水活动就是最直接的证明。

最早人们是以什么姿势来游泳呢？答案是蛙式。早在古希腊、罗马时期，类似现代蛙泳的泳姿就已经出现了。到了18世纪，欧洲人仍多是以这样的姿势来游泳。然而当时的蛙泳姿势和现代并不相同，他们是以蛙手划水，脚背踢水的姿势来游泳，稍后才逐渐改成以双脚脚掌蹬水前进。最后，人们又发现使用半圆形的方式来蹬水，可以大大提升游泳速度，因此，蛙泳的泳姿就这样被大致固定下来了。

另一种较古老的泳姿——捷泳，俗称自由泳，可追溯至17世纪之前的美洲原住民，英国探险家曾见识到印第安人以双臂交替前伸的方式来游泳。然而如同蛙泳一样，捷泳也经历了不断改良，包含由蛙泳的踢腿方式改良成剪式踢腿、由两侧呼吸改为单侧呼吸等，现代捷泳的雏形慢慢形成。如今，捷泳已经属于游泳者必学的基础泳姿，如果能在捷泳上多做练习，对于选手的耐力与协调性都有很大的帮助。

而人类是从什么时候开始潜水的呢？据考古，人类很可能在数十万年前就已经会憋气潜水，进入海中采集贝类等食物。2000多年前，就有军队懂得潜水时利用羊皮袋充气，或者使用麦秆呼吸，在水中埋伏攻击敌军。而现代的"水肺"潜水设备是1943年由雅克－伊夫·库斯托和埃米尔·加尼昂共同发明的。

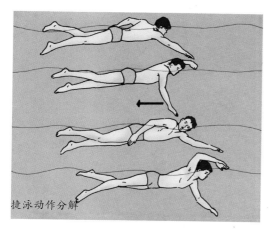

捷泳的速度最快，几乎所有运动员在自由式比赛中都使用捷泳，因此捷泳成为自由式的代名词。

捷泳动作分解

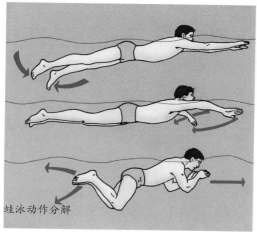

蛙泳动作分解

## 1896 年

当首届奥林匹克运动会在希腊举办时，游泳已经是比赛项目之一，当时的游泳竞赛是在地中海里进行的。图为第一届奥运会游泳冠军，匈牙利人阿尔弗雷德·哈约什。

## 1943 年

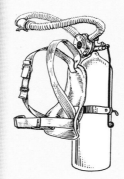

雅克－伊夫·库斯托和埃米尔·加尼昂共同发明了现代化的水肺潜水装备。包括了浮力调节装置、呼吸调节器、潜水气瓶和配重系统。

## 1956 年

蝶泳第一次成为奥运会上的游泳比赛项目。在那年的墨尔本奥运会上，唐·弗雷泽穿着尼龙泳衣，打破了 100 米自由泳的世界纪录。

## 1969 年

英国人托马斯·戈弗雷经过不断地尝试，最终发现以碳酸聚酯制作而成的泳镜有轻薄、耐用、抗碎裂的特性，成为现代人游泳时不可缺少的配备。

# 鲨鱼皮泳衣为何这么厉害？

在2000年悉尼奥运会上，澳大利亚选手伊恩·索普穿着模仿鲨鱼皮肤的泳衣，一路夺得3枚金牌。鲨鱼装不仅能减少水的摩擦力并增加浮力，在接缝处还模仿人类的肌腱，提供运动员向后划水时的动力，当年得到游泳奖牌的选手八成都穿着这种材质的泳衣。然而，许多人认为穿着这种高科技泳衣已经违背了公平竞赛的原则，因此国际泳联在2010年全面禁止游泳选手穿着高科技泳衣进行比赛。

鲨鱼之所以能成为海洋中的顶级掠食者，其中一个原因就是它们的游泳速度很快，而这得归功于它们身体上的特殊鳞片。

在显微镜下观察鲨鱼皮，会发现它的鳞片和一般鱼类不同，很像一颗颗尖锐的小牙齿。这些鳞片的表面上还有许多纵向的凹痕，因此，无论是外形还是表面结构，鲨鱼的特殊鱼鳞能让它们在游泳时，减少摩擦力。如此一来，鲨鱼的游泳效率就被大大提升了。

鲨鱼鳞片还有一个特殊功能，就是能协助鲨鱼抵抗有害的微生物。有一家科技公司开发出仿鲨鱼皮的薄膜，由于不易滋生细菌，因此可应用在各个领域，解决了以往使用杀菌剂所造成的病菌抗药性和环境污染等问题。

显微镜下的鲨鱼皮肤，表面有许多纵向凹痕，像许多尖锐的小牙齿紧密排列，这种结构能让它们在游泳时，减少摩擦力。

# 鱼儿水中游

在水中移动需要克服水的阻力，将泳衣改造成跟鱼类一样流线型可以降低水的阻力，就可以游得更快。我们做一个简单的实验看看吧。

在脸盆里装入半盆水，捏住塑胶片鱼头的最前端，放进水中并且拉着它往前游，可以感觉到水很滑顺地流过鱼鳞。如果改捏着鱼的尾巴拉着它向后游，则会感觉鱼变得很难游动。

**材料**

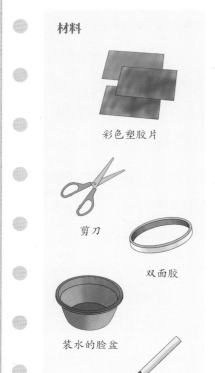

彩色塑胶片

剪刀

双面胶

装水的脸盆

麦克笔

**步骤**

**1** 在塑胶片上画出一条鱼以及许多鱼鳞片，把它们剪切下来。

**2** 用双面胶黏住每个鱼鳞片的一半，然后从鱼的尾部一排一排贴整齐，并且使鱼鳞没有粘住的部分都朝着尾部。

**3** 按照上面步骤粘鱼鳞的时候，鱼鳞要交错重叠，直到把鱼的身上都粘满鳞片。

# 如何让球在手中变得更好玩？

喜欢玩球的人几乎都有个困扰：球虽然好玩，但是球丢出去多远，就要跑多远去捡球，相当麻烦。后来，有人想到在球上绑一条绳子的方法，球丢出去之后只要拉动绳子，就可以使球再回到手上。古希腊时期就有了溜溜球的设计，不过，这种球最初只是将绳子固定在球轴上，球丢出去之后就会马上被绳子带回来。

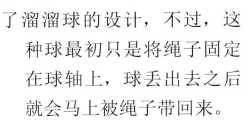

弗洛雷斯是一位菲律宾裔的美国商人，他在报纸上读到一篇

文章，文章中介绍了一种旋转玩具，这个玩具是由一条橡胶带子连接一颗木制球轴所构成的。当弗洛雷斯看到这个玩具后，眼睛立刻亮了起来。他想起小时候在菲律宾时，曾经看过猎人使用一种名为"yoyo"的武器来狩猎，而报纸上所描述的这个玩具像极了"yoyo"。

于是，弗洛雷斯开始仔细研究这种玩具。他发现，这个玩具的绳子在球的中心打了死结，他心想："或许这就是这种玩具无法普及的原因，因为它们只能进行单调的来回运动。"

弗洛雷斯开始苦思如何让这个玩具变得更有趣，最终找到了答案。他先将两股棉绳搓成一条绳，然后松松地套在球轴上，如此一来，玩家就可以随心所欲地控制球轴。弗洛雷斯借用了菲律宾土语，将这个新型玩具称为"yoyo"，也就是溜溜球。

弗洛雷斯的溜溜球被抛出去后，不会立刻回弹，反而可以停留在空中继续旋转，呈现"睡眠"状态，而想收回溜溜球的时候，只需要做一个回拉的动作即可。这个发明让溜溜球能够变出各式各样的花招，例如将绳子绕成三角形，球会像秋千一样在中间前后摆动，被称为"小猫摇篮"；如果将睡眠状态中的球碰触地面，球就会贴着地面向前行走，这招被称为"带狗散步"。

于是，弗洛雷斯在加州开了一间溜溜球制造工厂，聘请了十几位员工，以手工方式生产他所发明的溜溜球。他将溜溜球卖给附近的小孩，并且亲自教他们怎么玩，如他所预期的，溜溜球很快就销售一空。这大大鼓舞了弗洛雷斯，一年后，他又在洛杉矶和好莱坞各开了一间工厂，并且引进机器来大量生产溜溜球。此时，他的员工数量达到了 600 名，每天都能制造出

在球的中间绑上绳子组合起来，就大功告成了。

数万颗溜溜球。他的溜溜球不仅带动了美国第一波溜溜球风潮，也是经济大恐慌时期能存活下来的少数成功商品之一。然而，过了不久，弗洛雷斯就把他的工厂和产品全卖给了一位名为邓肯的企业家。据他自己的说法，这是因为他比较想要当一个教孩子们如何玩溜溜球的老师，而不是一个制造溜溜球的人。

邓肯是个有生意头脑的企业家，他先把公司名称改为"溜溜球"。这个名字相当引人注意，也让他的公司快速地在溜溜球市场独占鳌头。紧接着，他又举办溜溜球比赛，并提供巨额奖金给得奖者，全美曾经有85%的溜溜球都来自邓肯的工厂。由于他的成功，许多人都把溜溜球和邓肯联系起来，却忘记了改进溜溜球的最大功臣——弗洛雷斯。

# 科学大发明——*溜溜球*

关于溜溜球的起源和传播历史并无详细的文本记载，然而，学者们普遍的共识是溜溜球起源于距今 3000 年前的中国。当时，中国的孩童拥有一种被称为"空竹"的玩具，也就是现代人所说的扯铃，外国人则称之为中国溜溜球。据说，中国溜溜球是仅次于洋娃娃的第二古老玩具。

考古学家也在一个距今 2500 年前的古希腊花瓶上发现了一幅图：一名古希腊男孩正在玩着类似溜溜球的玩具。根据希腊史书的描述，当时的人会使用木材或黏土来制作溜溜球轴，可是，希腊的溜溜球并不是玩具，而是一种成年礼的仪式用品。每一位希腊男孩到了一定岁数时，都必须要通过成年礼的诸多考验，其中一项就是顺利操作溜溜球。

虽然我们对于溜溜球如何传播出去并不清楚，但可以确定的是，溜溜球最后进入了欧洲，并在 17 世纪成为欧洲贵族们所热爱的休闲玩具。此外，菲律宾的猎人们会使用一种名为"yoyo"的武器来投向

现代溜溜球可以发展出许多精彩的特技，让玩家爱不释手。

野生动物，也正是这个来自家乡的名字，让弗洛雷斯决定将他所改良的旋转玩具定名为溜溜球。

　　靠着弗洛雷斯和邓肯的努力，溜溜球逐渐成为广受世人喜爱的一种玩具。20 世纪 80 年代末期，数家玩具公司进一步改良溜溜球，例如以塑胶和金属取代木头来制作圆轴，又在圆轴中心加装离合器和轴承等，这些新科技让溜溜球能够在空中停留更久。1991 年，溜溜球"睡眠"时间的纪录为 51 秒；如今，溜溜球已经可以在空中停留十几分钟之久！溜溜球悬停时间的增加，让用户得以发展出数百种精彩的特技，溜溜球表演也总能赢得大众的热烈鼓掌。

## ⌛ 发展简史

### 2500 年前

古希腊人使用木头或黏土制造溜溜球。玩溜溜球是古希腊男孩在成年礼中必须进行的一项考验。

### 17 世纪

溜溜球被引入欧洲，立刻成为欧洲贵族喜爱的一种玩具。

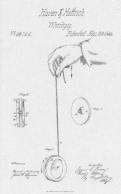

### 1866 年

两位美国人哈芬和赫区克取得了溜溜球的专利。然而，当时并没有溜溜球这个名字，而是和其他能旋转的玩具一起被统称为"旋转玩具"。

### 1928 年

菲律宾裔美国人弗洛雷斯将其所改良的旋转玩具正式称为溜溜球。弗洛雷斯并发展出溜溜球的"悬停"技巧。

科学充电站

# 抛出的球，为什么能收回来？

　　想一想，溜溜球抛出去之后，为什么能够收回来呢？是因为绳子有弹性吗？溜溜球的绳子是棉绳，似乎没有什么弹性！

　　答案揭晓，抛出的溜溜球，是靠着"能量守恒"的原理往回收。原本在高处的溜溜球拥有"位能"，抛到底的溜溜球则充满"动能"，通过位能与动能之间的不断转换，理论上只要抛一次溜溜球，就可以无止境地循环运动。不过，由于棉绳和溜溜球之间存在"摩擦力"，因此会产生能量耗损，无法攀升至球抛出时的高度。

　　传统的溜溜球，是将棉绳直接绑在球盘的固定轴上。不过由于棉绳直接固定住，溜溜球无法呈现空转的"悬停"特技，所以后来弗洛雷斯将绳子松松地圈在固定轴上，降低绳子与固定轴间的摩擦力。

　　其实还有一种玩具的原理和溜溜球很像，那就是扯铃。扯铃的形状也是左右对称，中间松松地套了一圈棉绳，双手扯动棉绳时，棉绳就和扯铃的轴心产生摩擦力，带动扯铃像车轮一般旋转。不同的是，扯铃两侧的圆锥盘设计是有"风洞"的，当扯铃快速转动时，空气便会钻入风洞中而产生嗡嗡声响。和溜溜球一样，扯铃也可以表演"蚂蚁上树"等精彩特技呢！

**传统溜溜球**

传统溜溜球的绳子是单股绳，直接绑在球盘的固定轴上。

**现代溜溜球**

现代溜溜球改用双股绳，松松地套在轴上，降低绳子的摩擦力。

# 充气溜溜球

溜溜球抛出去之后可以很快回到手上，免去捡球的烦恼。我们也用塑胶袋和橡皮筋，做一个有弹力的溜溜球来玩吧。

你可以把橡皮筋的一端套在手指上，把充气球当作溜溜球来玩；也可以在球的两端都黏上橡皮筋，和朋友进行拍接击球游戏。

**材料**

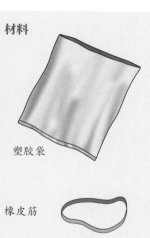

塑胶袋

橡皮筋

剪刀

胶带

**步骤**

**1** 在塑胶袋内吹入空气，不要吹得太满，保留一点空间，然后绑住袋口。

**2** 将塑胶袋底部两个角折起，压出多余空气，再剪掉袋口的多余部分，使袋体形成类似圆球形。

**3** 将几条橡皮筋串在一起，其中一端用胶带固定在球体上，充气溜溜球就完成了。

# 怎样让冲浪板 轻巧又能转弯？

你好，
很高兴认识你。

　　年轻的汤姆·布莱克过着游牧民族般的生活，以打零工为生，流浪在底特律、纽约、迈阿密等美国大城市。18岁那年，他在底特律的电影院遇见了当时名声响亮的游泳奥运金牌选手，同时也是冲浪运动推广者的杜克·卡哈纳莫库，他们后来成为莫逆之交。一年后汤姆搬到了加州，以救生员为职业，同时参与了许多场游泳竞赛，也接触到了改变他一生的冲浪运动。

汤姆在22岁那年只身前往冲浪运动的起源地——夏威夷，想要学习更多关于冲浪的知识。虽然当时他认识的杜克并不在岛上，不过他与杜克的五个同为冲浪高手的兄弟们结识，并且凭着一股热忱投入冲浪运动。

　　在夏威夷期间，汤姆常对檀香山毕夏普博物馆流连忘返，那儿有许多传统波利尼西亚人的冲浪板，他对此非常着迷，并且从冲浪板的结构、材质、样式上进行研究，替博物馆修复了其中的一些冲浪板。逐渐熟悉冲浪技巧的他，发现当时包括杜克等人使用的实木短板相当沉重，一般都超过35公斤，需要花费很大的力气才能驾驭，因此他思考用什么方式能够改善这种情形。

在冲浪板上钻洞，
应该可以减轻重量。

汤姆做了一个实验：在实木冲浪板上钻了数百个小洞，减轻冲浪板的重量，并在外层包覆薄薄的一层木板。1928年第一届太平洋海岸冲浪锦标赛，他带着改良的冲浪板进入海洋、越过浪头，赢得了比赛。这次的成功鼓舞着他，他认为改造冲浪板势必能加快速度。于是他把一开始的钻洞板改造成具有横向空心支架的冲浪板，并且获得了专利。

不过改造冲浪板虽然使他赢得了比赛，却引起了当地冲浪朋友们的不满，认为这样的比赛不公平。于是他停止一切参赛计划，但却没有停止挑战冲浪的纪录。1936年，他和朋友在威基基附近的海滩冲浪，创造出连续滑行

1.37 公里的纪录，至今无人能破。

除了改良冲浪板的重量外，汤姆还从破旧的快艇上拔下能够稳定船身的底鳍，加装在冲浪板下。他发现冲浪板变得更稳定，且更容易控制方向了！空心的木板加上底鳍后，现代冲浪板的雏形就出现了。轻便的冲浪板拥有更快的速度和性能，在材料科技不断更新的现代，许多人使用更为轻巧的泡棉包覆着玻璃纤维制成的冲浪板。不过也有人喜爱手工打造、定制化的木板。汤姆以单纯的心态，跳脱传统波利尼西亚冲浪文化的束缚，大大改善了冲浪板，使得更多人能够亲近冲浪，是一位将冲浪运动推向世界的大功臣。

# 科学大发明——冲浪

　　冲浪起源于南太平洋。古代的波利尼西亚人漂泊在太平洋小岛上，他们依靠木筏、小船穿梭航行在岛屿之间，慢慢发展出一种追逐浪花的娱乐活动。1777年，英国的库克船长率领的决心号在探索世界时，目睹了岛民站在木板上，随着浪花前进的高超技艺。当时欧洲船员们对于冲浪者站在巨浪上奔驰的行为感到震慑与佩服，于是由船医威廉·安德森留下了最早对于冲浪描述的记录。

　　波利尼西亚人是冲浪运动的先驱者，冲浪对他们来说不只是一项运动，更有敬拜神灵、挑战自我、提高社会地位等文化上的意义，他们从事这项活动已有好几个世纪了。不过原始的冲浪仅限于部落里地位高的酋长或是皇族。

　　几百年后，夏威夷的一位冲浪好手杜克·卡哈纳莫库在1912年的奥运会上拿下了100米自由式金牌与200米银牌，之后他开始努力宣扬家乡的冲浪。由于杜克的高知名度和其对冲浪运动的极力宣扬，冲浪运动被推广到世界各地。杜克被誉为现代冲浪之父。如今在夏威夷威基基的海滩上，矗立着纪念杜克的雕像。

在冲浪刚开始引进世界各地的时候，实心原木的冲浪板相当沉重，一个15英尺的冲浪板就有35公斤重，不仅操作不灵活，也增加入门者的上手难度。汤姆·布莱克为了解决这个难题，用凿子在木板上钻出数百个孔洞，再用木片包覆在孔洞上，使得冲浪板重量大为减轻；后来他又在板子底部加装尾鳍，转弯时不需要将脚伸出板外。现代化的冲浪板，也是依循汤姆的设计改良而来。

现代冲浪板的尾端有1个到5个数量不等的尾鳍，不同类型冲浪板针对尾鳍的数量和尺寸都有不同，其中以3个尾鳍的类型最常见。

## 发展简史

### 公元前 500 多年或更早

冲浪源于古波利尼西亚人，他们的冲浪运动具有文化意义，统治阶层们拥有最好的冲浪板，并且得遵守宗教仪式才能进行冲浪。

### 20 世纪初

杜克·卡哈纳莫库致力于推广夏威夷的冲浪运动，他的魅力无穷，到世界各地表演冲浪时，也举办演讲介绍冲浪运动，因此吸引许多人进入冲浪的领域。

### 1928 年

汤姆·布莱克改善了冲浪板，将其变得更轻巧，除了强壮、力大的男性，女性也能够驾驭，使得冲浪运动更亲近一般大众。

### 20 世纪 50 年代

聚氨酯泡沫(PU)冲浪板诞生，它的重量轻、便宜又耐弯曲，至今仍是许多初学者上手的冲浪板。

夏威夷瓦胡岛北岸的海滩因为海底有礁岩地形，时有大浪，是冲浪比赛的热门场地。

# 海浪来了，如何站上浪头？

为什么海面上会有波浪呢？正所谓无风不起浪，海风吹动水面，会使表面粒子以椭圆方式循环运动，这股能量是通过水来传导的，一波一波如同接力赛那般传递下去，使得水面形成连续的波纹，看起来潮水不断冲向岸边，其实水体并没有真正往前移动。不仅是风吹会形成海浪，当海底地震、火山爆发、潮汐运动或是船只航行时，都会在海面形成波浪。接近岸边的时候，由于海床比较浅的缘故，波浪触碰到海床，形状就会发生变化。

如何才能站在浪头上呢？冲浪者趴在冲浪板上，划向大海，等待海浪。大浪来的时候，冲浪者将冲浪板转向海浪前进的方向，奋力划水赶上波浪的速度，这时候冲浪板和水面会形成一个角度，提供浮力，让冲浪者能够站在浪头上。冲浪者可以借助冲浪板的底鳍来控制方向，越接近海浪的前缘，速度就越快。所以通常冲浪者要追随浪头，沿着与海岸平行的方向前进。

### 海水的运动

海浪看似不断涌向岸边，其实水体并没有真正前进，而是水分子个别震荡形成的。深水区大致呈圆周运动，浅水区因波速较慢，呈较扁的椭圆形，近岸区则形成碎浪。

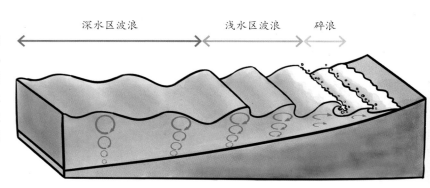

深水区波浪　　　浅水区波浪　　碎浪

# 肥皂动力船

站在冲浪板上，就能享受被浪头推着前进的乐趣。我们可以用垫板做成小船，在小船后方夹上肥皂块，小船会在水面上缓缓前进，很有趣呢！

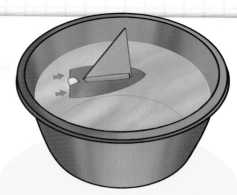

将小船放进水盆里，由于肥皂溶于水中会破坏水的表面张力，小船就会自己向前开动了。

**材料**

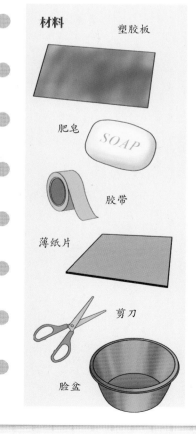

塑胶板

肥皂　SOAP

胶带

薄纸片

剪刀

脸盆

**步骤**

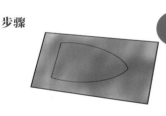

**1** 在塑胶板上画出小船的形状，长度约 10 厘米，宽度约 5 厘米。

**2** 用剪刀将小船剪下来，并在小船尾端剪出一个小三角形开口。

**3** 利用薄纸片剪出纸帆，把胶带贴在小船上。

**4** 将一小块肥皂夹在小船后方的开口上，动力船就做好了。

# 轮子可以直接
# 踩在脚下骑吗？

看过独轮车吗？它的组成零件很少，只有一个轮子加上踏板和坐垫，骑的时候需要全神贯注，借助脚和身体的协调性来掌握行进方向。骑独轮车一般不被当作代步的方式，而是一种可以训练平衡感、刺激脑部功能、促进血液循环的特殊运动项目。

独轮车出现的很早，不过当时并不是踩在脚下骑，而是在轮子上加装把手，并架上可以放置东西的篮子或座椅，当

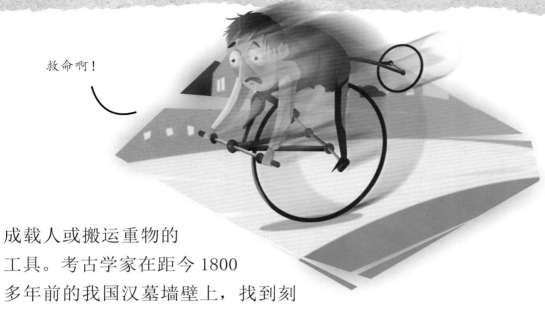

救命啊！

成载人或搬运重物的
工具。考古学家在距今 1800
多年前的我国汉墓墙壁上，找到刻
着独轮车的石雕。而原先当作搬运工具的独轮车，又是如何
变成直接踩在脚下的现代运动工具的呢？有人认为，独轮车
源于一种前轮大、后轮小的高轮自行车。

　　"哎呀！好痛，又跌倒了，这车子真是不好控制啊。"

　　哈比是 19 世纪英国人，当时，城市里开始流行高轮自行
车，他每天都骑着高轮自行车上班。这辆车子的设计是前轮
大、后轮小，虽然前轮踩一圈后轮就会转好几圈，可以节省
时间，但是由于踏板和曲柄都接在前轮上，骑乘时重心向前，
在踩踏时，后轮容易上升而翻车，哈比也吃了好几次苦头。
有一天，他在下坡时由于车速太快而急拉刹车。这时候，小
小的后轮竟飘了起来，使得他用单轮前进了好一段距离，这
给了他一个灵感。

　　"如果把后轮拆掉，只留下前轮，就不会有车身往前倾

的问题了吧？"

于是哈比动手将后轮卸下，再次跨上这台"独轮车"，一开始非常困难，骑上去马上就跌下来，不过他并不气馁，爬起来继续尝试，慢慢可以往前骑得比较远。他发现一旦掌握控制车身的技巧，这种车子比高轮自行车更不容易摔跤。

后来，高轮自行车终于被前后轮大小相同的自行车取代，自行车不但解决了重心不稳的问题，而且加上齿轮与链条，踩一圈踏板就能带动车轮转好几圈，速度变得更快。不过，

哈比已经体会到骑独轮车的乐趣，他很享受骑车时用身体驾驭车子的感觉，所以并没有放弃骑独轮车。而且，当他骑着独轮车上街的时候，大家都用佩服的眼光看着他，让他感到很神气！

由于骑独轮车需要比较高的技术性，速度也比不上自行车，因此始终没有成为代步的方式。不过，独轮车独特的外形很快被马戏团相中，加高的独轮车搭配抛接物品的动作成为杂技表演项目之一。近年来，独轮车对肌肉和脑部开发的好处备受关注，学校纷纷提倡学习骑独轮车，也有许多独轮车竞赛在世界各地举办，骑独轮车成为受欢迎的新兴运动。

中国人陈星从独轮车得到灵感，他将驱动马达装在独轮车上，拆掉座椅，又把尺寸缩小到能夹在两脚之间，就这样，全世界第一台独轮电动平衡车问世了。后来，独轮电动平衡车进一步发展成单轴双轮。电动平衡车拥有自我平衡能力，人们只需要几分钟练习，就能轻松驾驭了。

# 科学大发明——独轮车

　　独轮车又被称为单轮车，它包含了一个轮子、曲柄、踏板和座椅。由于对平衡感的要求很高，因此想要骑好独轮车需要经过很多次练习。

　　有人认为独轮车起源于我国三国时期，是蜀国丞相诸葛亮所发明的。不过，更早之前的汉代古墓墙壁上就刻着有人推着独轮车的图像。那时候的独轮车其实是一种运输工具，由一个人推着有着一只轮子的小推车来运送物资。较接近现代概念的独轮车，据说是由一位英国人约翰·哈比在骑乘高轮自行车时意外发明的。

　　高轮自行车是一种前轮大、后轮小的脚踏车，19世纪80年代的欧洲很流行这种脚踏车。某天，哈比骑高轮自行车下坡时，为了放慢车速而急拉刹车，小小的后轮在瞬间抬了起来，使他用单轮前进了好一段距离。回家后，哈比把后轮拆掉，开始尝试用单一轮子来骑。哈比的意外发明让某些人看到了独轮车的发展前景。后来，他们将座椅和手把都拿掉，又把曲柄加长。独轮车渐渐成为一项特技

运动和杂技表演。

1982 年，国际独轮车联盟在美国纽约成立，在此机构的大力推广下，独轮车运动逐渐向全世界普及。一些极限运动员更将独轮车进行改良，于是，山地独轮车和障碍独轮车相继出现，独轮车的运动场地也拓展到了没有马路的荒郊野岭。

21 世纪之后，由电力驱动的电动平衡车成为年轻人的新宠，也有不少人用它来代步，但稍不小心就会发生交通意外，因此许多国家都以法令限制它的使用。

## 发展简史

### 1800 多年前

汉代古墓里发现有人推着独轮推车的图像，这种用来搬运重物的独轮推车，是最早出现的独轮车形式。

### 19 世纪

高轮车最早在 19 世纪初期被人发明，当时的高轮车没有链条，主要是靠踩踏前轮来前进，后轮只具有增加稳定性的功用。

### 19 世纪

英国人约翰·哈比意外发现用单一轮子也能骑乘高轮车。于是，他将高轮车的后轮拆掉，发明了独轮车。

### 20 世纪 80 年代

20 世纪 80 年代兴起了越野独轮车运动热潮，许多极限运动员都喜欢用独轮车来爬山。

科学充电站

# 电动平衡车如何操控方向？

电动平衡车有单轮也有双轮，其中独轮平衡车没有把手，靠身体的前倾、后仰和左右倾斜来控制方向。双轮平衡车加了一根控制杆，但是两个轮子在同一个轴心上，基本控制原理仍然和独轮平衡车相同。

电动平衡车究竟是如何感应到我们的重心变化而前进和后退的呢？答案是陀螺仪。陀螺仪是1852年由法国物理学家莱昂·傅科所发明的。这种设备主要是由一个位于轴心且可高速旋转的转子以及三个环架构成。

当我们想让平衡车前进时，只需要将身体重心往前，此时，我们的体重就会带动车体前倾，而平衡车里所装设的陀螺仪为了保持平衡，就会开始转动，这个转动会发出一个信号给控制器，促使控制器带动轮子加速前进。相反，当我们想要让车子停下来或后退时，只需将身体往后倾。靠着陀螺仪，我们就能轻松驾驭平衡车了。

独轮平衡车

双轮平衡车

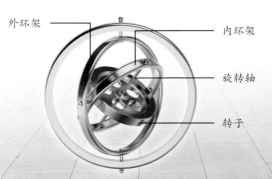

外环架　　　　　　　内环架

旋转轴

转子

陀螺仪很早就被人们用来进行导航和定位，因此在飞机、船舰和许多手机里都有这种设备，而电动平衡车能前进和后退，也是运用了陀螺仪。

**动手做实验**

# 平衡娃娃

　　只有一个轮子的独轮车，骑乘者需要有非常好的平衡感才不会摔下来，这种平衡感是怎么做到的呢？我们做个实验，制作一个可以稳定平衡的娃娃来看看吧。

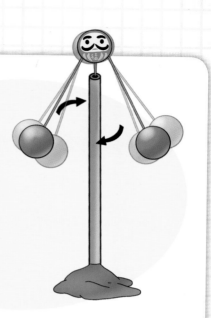

你可以在平衡娃娃上涂上喜欢的图案。把平衡娃娃中间短的竹签放在铅笔顶部，试着推动、旋转平衡娃娃，它都不会掉下来，能稳稳站着呢。

**材料**

竹签

黏土

铅笔

**步骤**

**1** 准备三根竹签，拿一根竹签剪成约 1.5 厘米左右。

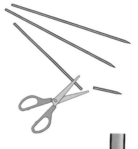

**2** 用一块黏土当底座，将铅笔笔尖朝下插在黏土底座上。

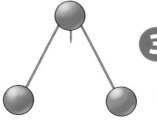

**3** 捏出三团一样大小的黏土球，依图中所示将黏土球与竹签组合起来，完成平衡娃娃的制作。

81